人工智能前沿理论与技术应用丛书

深度学习工程实践

翟中华　孙玉龙　王　清　陆澍旸　编著

电子工业出版社

Publishing House of Electronics Industry

北京·BEIJING

内容简介

本书包含代码实践和案例实践，运用 OpenCV、PyTorch 等框架工具详细讲解中文车牌识别检测、采用三元组的 FaceNet 人脸识别理论与实践、车道检测的两种深度学习思路及烟雾检测 4 大实践项目。相关理论可参考《基于深度学习的目标检测原理与应用》一书，从而学以致用、融会贯通。

本书适合深度学习领域的工程师、研究员阅读，也可作为深度学习相关专业本科生、研究生的重要参考书，还可作为互联网行业 IT 技术人员转型学习人工智能的参考用书。

可登录华信教育资源网下载相关代码。

图书在版编目（CIP）数据

深度学习工程实践 / 翟中华等编著. —北京：电子工业出版社，2024.3
（人工智能前沿理论与技术应用丛书）
ISBN 978-7-121-46673-1

Ⅰ.①深… Ⅱ.①翟… Ⅲ.①机器学习 Ⅳ.①TP181

中国国家版本馆 CIP 数据核字（2023）第 219296 号

责任编辑：王　群
印　　刷：涿州市京南印刷厂
装　　订：涿州市京南印刷厂
出版发行：电子工业出版社
　　　　　北京市海淀区万寿路 173 信箱　　邮编：100036
开　　本：880×1230　1/32　印张：3　字数：80 千字　彩插：2
版　　次：2024 年 3 月第 1 版
印　　次：2024 年 3 月第 1 次印刷
定　　价：38.00 元

凡所购买电子工业出版社图书有缺损问题，请向购买书店调换。若书店售缺，请与本社发行部联系，联系及邮购电话：（010）88254888，88258888。

质量投诉请发邮件至 zlts@phei.com.cn，盗版侵权举报请发邮件至 dbqq@phei.com.cn。

本书咨询联系方式：wangq@phei.com.cn，910797032（QQ）。

目录

| 第 1 章 |

本书实践项目

本书将重点讲解 4 大实践项目，分别是中文车牌识别检测（第 2 章）、采用三元组的 FaceNet 人脸识别理论与实践（第 3 章）、车道检测的两种深度学习思路（第 4 章）及烟雾检测（第 5 章）。

1.1 中文车牌识别检测

车牌识别在智能交通领域中有广泛的应用，是车辆定位、汽车防盗、高速路段收费、停车场收费等应用的主要技术手段，如图 1-1 所示。车牌的识别一般分为车牌的定位、车牌字符图像分割、车牌字符识别 3 个步骤。在该项目中，将利用现有平台与开源项目对中文车牌识别进行深入探究。

资料来源：MXQ GitHub。

图 1-1　中文车牌识别

1.2　采用三元组的 FaceNet 人脸识别理论与实践

FaceNet 是谷歌在 2015 年开发的一个人脸验证模型，如图 1-2 所示。与传统的基于卷积神经网络（Convolutional Neural Networks，CNN）的人脸识别模型相比，FaceNet 利用深度神经网络（Deep Neural Networks，DNN）学习从原始图像到欧氏距离空间的映射。在人脸数据集 LFW 上，FaceNet 可实现99.63%的识别准确率。本项目将培养读者应用这个模型的实践能力。

资料来源：LFW 数据集。

图 1-2　FaceNet 示意图

1.3　车道检测的两种深度学习思路

车道检测是自动驾驶中的一个关键任务，目的是实现车辆在车道内的安全行驶、变道等任务。普通的目标识别只需要划分边界，而车道检测则类似于语义分割，需要精准预测车道曲线。在本项目中，将详细讲解基于 CNN 的车道识别模型，如图 1-3 所示。

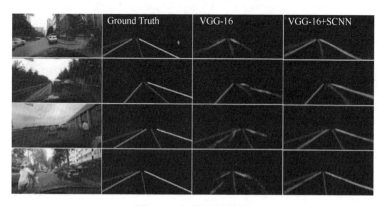

图 1-3　车道识别模型

1.4 烟雾检测

烟雾检测又称火灾检测，此处特指用于外界大环境下的烟雾检测，如图 1-4 所示。因为室内密闭空间的烟雾报警器已经能够有效解决室内检测问题，所以无须使用目标检测技术。烟雾检测有两大难点：一是烟雾没有固定的形状；二是烟雾与背景容易混合在一起，不容易检测出背景和前景。该项目将介绍传统目标检测和深度学习目标检测两大解决方案。

资料来源：Gautam Kumar 火灾公开数据集。

图 1-4 烟雾检测

⚙ 小　结

　　本书选取的 4 个项目是目标检测中非常典型的案例，读者掌握项目中的关键原理及关键代码，即可掌握目标检测的基本技能。

|第 2 章|

中文车牌识别检测

目标

　　为了让大家清楚了解传统学习和深度学习的不同，在车牌识别中，车牌位置的识别采用传统学习代码向大家讲解，而对于具体的中文字符、英文字符、数字识别，则会使用深度学习方法。

2.1　车牌位置识别

　　首先需要一张车牌样照，如图 2-1 所示。

资料来源：开源车牌数据库 CCPD。

图 2-1　车牌样照

之后，需要使用传统机器学习的级联分类器（OpenCV 自带）。该级联分类器的工作原理如下：在图像中，分类器运用滑动窗口对整幅图像进行滑动，形成每幅均为滑动窗口大小的图像，再经过由诸多 AdaBoost 级联起来的级联分类器，每层 AdaBoost 分类器可以将所有图像筛选为原来的一半，即通过率为 50%。多个 AdaBoost 分类器级联在一起，层层递进，最后只剩车牌的真实图像。例如，5 层分类器的筛选成功率可超过 99%。

先加载本次实践需要用到的数据包，代码如下。

```
#第 2 章//2.1 加载数据包
import cv2
import time
import numpy as np
```

```
from PIL import ImageFont
from PIL import Image
from PIL import ImageDraw
import json
import matplotlib.pyplot as plt
import sys
```

通过级联分类器及滑动窗口，可以将大量背景图像剔除，最后只剩下真实物体框。分类器的训练可以使用 OpenCV 中的 cv2. CascadeClassifier 函数。

```
#第2章//2.1 运用cv2.CascadeClassifier函数
watch_cascade                                                    =
cv2.CascadeClassifier('./model/cascade.xml')
    #下面为终端命令，在终端输入如下命令和对应的参数
    opencv_traincascade -data data \  #模型 xml 文件保存
的目录
                -vec face.vec \  #数据集文件
                -numPos 4200 \  #正例图像数
                -numNeg 32000 \  #负例图像数
                -numStages 5 \    #级联层数越多，训练效果越
好，但耗时也越长
                -numThreads 6 \
                -featureType LBP \  #特征
                -w 112 \
                -h 112 \
```

在该函数中，data 代表 xml 模型保存的目录。之后是数据集文件，包括正例图像数和负例图像数，正例图像显然比负例图像数量少，因为正例图像是真实物体图像，而负例图像为背

景图像。因此，要进行上采样和下采样，以平衡负例图像数和正例图像数的差值。numStages 是级联层数，层数越多，训练效果越好，但耗时越长。numThreads 是线程数。featureType LBP 是选用的特征。

　　另外，在使用 OpenCV 级联分类器训练前，需要生成 OpenCV 需要的数据集。即上面命令中-vec 后面的参数——face.vec。车牌检测需要车牌的-vec 数据集，需要使用 opencv_createsamples 来生成。在 OpenCV 官网下载安装 OpenCV 后，可以使用 opencv_createsamples 生成数据。通过命令获得想要的数据集 "xxx.vec"。

```
#第 2 章//2.1 运用数据集
opencv_createsamples -vec xxx.vec -bg bg.txt -info
pos.txt \
    -num 100 \
    -w 30 \
    -h 30
```

　　其中，-vec 后面是要输出的文件，-info 后面是由正样本图像路径组成的 txt 文件，-bg 指定的是负样本图像路径的 txt 文件。另外，正样本图像不仅存储了图像路径，在目标检测中还存储了目标框的信息、目标数量、边框左上角坐标和宽高，格式如下。

```
data/img1.jpg  1  110 90 45 50
data/img2.jpg  2  100 110 30 50   45 30 20 20
```

　　在训练完分类器之后，对图像进行车牌位置的检测。先定义 ComputerSafeRegion 函数，确认车牌在图像范围内，如果检测出的框的一部分超过图像本身大小，如车牌在图像中只显示一半，则采用该函数后，只保留图像范围内的车牌，超过的部分被丢弃。

```
#第 2 章//2.1 运用 ComputerSafeRegion 函数
def computeSafeRegion(shape,bounding_rect):
    top = bounding_rect[1] #y
    bottom = bounding_rect[1] + bounding_rect[3] #y+h
    left = bounding_rect[0] #x
    right = bounding_rect[0] + bounding_rect[2] #x+w

    min_top = 0
    max_bottom = shape[0]
    min_left = 0
    max_right = shape[1]

    #print "computeSateRegion input shape",shape
    if top < min_top:
        top = min_top
        #print "tap top 0"
    if left < min_left:
        left = min_left
        #print "tap left 0"

    if bottom > max_bottom:
        bottom = max_bottom
        #print "tap max_bottom max"
    if right > max_right:
        right = max_right
```

```
        #print "tap max_right max"

    #print "corr",left,top,right,bottom
    return [left,top,right-left,bottom-top]

def cropped_from_image(image,rect):
    x, y, w, h = computeSafeRegion(image.shape,rect)
    return image[y:y+h,x:x+w]
```

接下来检测车牌的位置。定义 detectPlateRough 函数，需要输入整幅图像的高度，变成统一适合训练的高度，再将其转换成灰度图，从而用 CascadeClassifier 分类器进行识别，代码如下。

```
#第 2 章 //2.1 运用 detectPlateRough 函数
def detectPlateRough(image_gray,resize_h = 720,en_
scale =1.08 ,top_ bottom_padding_rate = 0.05):
    print(image_gray.shape)

    if top_bottom_padding_rate>0.2:
        print("error:top_bottom_padding_rate > 0.2:",
top_bottom_padding_rate)
        exit(1)

    height = image_gray.shape[0]
    padding = int(height*top_bottom_padding_rate)
    scale = image_gray.shape[1]/float(image_gray.
shape[0])

    image = cv2.resize(image_gray, (int(scale*resize_
h), resize_h))
```

```
    image_color_cropped = image[padding:resize_h-
padding,0:image_gray.shape[1]]

    image_gray = cv2.cvtColor(image_color_cropped,
cv2.COLOR_RGB2GRAY)

    #运用 detectMultiScale 函数
    watches = watch_cascade.detectMultiScale(image_
gray, en_scale, 2, minSize=(36, 9),maxSize=(36*40, 9*40))
    print(watches)
    cropped_images = []
    for (x, y, w, h) in watches:
        cropped_origin = cropped_from_image(image_
color_cropped, (int(x), int(y), int(w), int(h)))
        plt.imshow(cropped_origin)
        plt.show()
        x -= w * 0.14
        w += w * 0.28
        y -= h * 0.6
        h += h * 1.1;

        cropped = cropped_from_image(image_color_cropped,
(int(x), int(y), int(w), int(h)))
        plt.imshow(cropped)
        plt.show()
        cropped_images.append([cropped,[x,
y+padding, w, h],cropped_origin])
    return cropped_images
```

此处运用 detectMultiScale 函数的原因是可以解决不同图像中车牌大小不同的问题。显示结果的代码如下，将得到一幅图像中所有的车牌。

```
#第2章//2.1 显示结果
plates = detectPlateRough(image,image.shape[0],top_
bottom_padding_rate=0.1)
print(len(plates))
print(len(plates[0]))
print(len(plates[0][0]))
print(len(plates[0][0][0]))
```

图 2-2 所示为检测出的车牌结果。

图 2-2　检测出的车牌结果

图 2-3 所示为检测出放大范围的车牌结果。为何需要放大？因为检测时很容易在图像边缘出现错误，例如，若图 2-2 左边再缩小"窗口"范围，便会把"粤"字切除。

图 2-3　检测出放大范围的车牌结果

2.2 车牌文字识别

车牌位置确定后，接下来检测车牌文字。首先对车牌类型进行标注，这里要注意，中文车牌中没有字母 O 和 I，因为字母 O 和 I 与数字 0 和 1 相似。若有字母 O 和 I，则需要对 O、I、0 和 1 单独进行分类训练。同理，若中文字符相似，则需要再进行特定中文字符的分类训练，因为中文字符一定在中文车牌的首位，所以很容易进行操作，代码如下。

```
#第 2 章//2.2 建立车牌标注变量
chars =["京", "沪", "津", "渝", "冀", "晋", "蒙", "辽",
    "吉", "黑", "苏", "浙", "皖", "闽", "赣", "鲁",
    "豫", "鄂", "湘", "粤", "桂", "琼", "川", "贵",
    "云", "藏", "陕", "甘", "青", "宁", "新", "0",
    "1", "2", "3", "4", "5", "6", "7", "8", "9",
    "A", "B", "C", "D", "E", "F", "G", "H", "J",
    "K", "L", "M", "N", "P", "Q", "R", "S", "T",
    "U", "V", "W", "X", "Y", "Z", "港", "学",
    "使", "警", "澳", "挂", "军", "北", "南", "广",
    "沈", "兰","成","济","海","民","航","空"
    ];
```

首先将图像 resize 到训练高度 40，输入整个卷积神经网络，经过下采样后，高度从原本的 40 下降至 5，变为 5×5 的卷积层，之后再进行下采样，高度由 5 变成 1，代码如下。

```
#第2章//2.2 输入卷积神经网络
from keras import backend as K
from keras.models import *
from keras.layers import *


def construct_model(model_path):
    input_tensor = Input((None, 40, 3))
    x = input_tensor
    base_conv = 32

    for i in range(3):
        x = Conv2D(base_conv * (2 ** (i)), (3, 3),
padding="same")(x)
        x = BatchNormalization()(x)
        x = Activation('relu')(x)
        x = MaxPooling2D(pool_size=(2, 2))(x)
    40->5
    x = Conv2D(256, (5, 5))(x)
    5->1
    x = BatchNormalization()(x)
    x = Activation('relu')(x)
    x = Conv2D(1024, (1, 1))(x)
    x = BatchNormalization()(x)
    x = Activation('relu')(x)

    x = Conv2D(len(chars)+1, (1, 1))(x)
    x = Activation('softmax')(x)
    base_model = Model(inputs=input_tensor, outpu ts=x)
    base_model.load_weights(model_path)
    return base_model
```

深度学习工程实践

高度只输出一个值，但长度是可变的。因为长度可变，所以最后没有用到全连接层，而是用卷积层进行输出，使得整体长度可做改变，从而实现车牌大小不一定固定，车牌字符长度不一定固定。卷积层通道数是 len(chars+1)，为何加 1？这是因为车牌图像可能包含一些背景图或者无法识别的背景字符，要为背景图留空间，代码如下。

```
#第 2 章//2.2 长度不固定
def fastdecode(y_pred):
    results = ""
    confidence = 0.0
    table_pred = y_pred.reshape(-1, len(chars)+1)

    res = table_pred.argmax(axis=1)
    print(res)

    for i,one in enumerate(res):
        if one<len(chars) and (i==0 or (one!=res[i-
1])):
            results+= chars[one]
            confidence+=table_pred[i][one]
    confidence/= len(results)
    return results,confidence
```

这里需要重点解释一下：如果预测的分类（第一个词的类别）是小于类别总数的，则说明输出的类别在车牌字符分类中，这是因为 len(chars)对应类别总数，而 char 是独热编码，从 1 开始存放在 chars 中。如果输出在车牌字符中，则将输出加到结果中；又因为检测输出用通道数作为类别数且输出是特征图

（Feature Map）每个像素的分类，所以，相邻两个输出如果是一样的类别，则是同一个符号的一部分。例如，前一张检测数字 5 的左侧，后一张检测到同一位置 5 的右侧，这样就重复了，重复即舍去，需要用到 recognizeOne 函数。代码如下。

```
#第 2 章//2.2 定义函数
def recognizeOne(src):
    x_tempx = src
    x_temp = cv2.resize(x_tempx,( 160,40))
    x_temp = x_temp.transpose(1, 0, 2)
    t0 = time.time()
    y_pred = pred_model.predict(np.array([x_temp]))
    print(y_pred.shape)
    return fastdecode(y_pred)
```

现在将上面的检测代码整合一下，使用以上方法，结果显示 83 为空字符，并识别到该车牌号，如图 2-4 所示。

```
In [53]:   plate, rect, origin_plate = plates[0]
           res, confidence = recognizeOne (origin_plate)
           print ( "res" , res)

(1,  16,  1,  84)
[83  83  19  42  83  36  83  40  83  83  35  83  57  83  83  42]
res  粤B594SB
```

图 2-4　车牌识别结果

2.3　探讨模型效果

在探讨模型效果时，首先要关注的是准确率，之前有提及，字符准确率等于分类正确的字符数除以分类字符总数；而对于车牌检测，若共有 3 个车牌，但模型检测出 4 个，即多检测出一个车牌，则这时简单计算准确率有失妥当，因此车牌检测中准确率需要结合精确率及召回率来计算。精确率即精度，是预测为正例的样本中真正例的比率；召回率是所有真正例中被预测为正样本的比率。通过计算不同阈值下的精确率和召回率，得到一条 PR 曲线，代码如下。

```
#第 2 章//2.3 计算模型 PR 曲线
import numpy as np
import pandas as pd
import matplotlib.pyplot as plt
from sklearn.metrics import roc_curve,auc,precision_
recall_curve

y=[0,0,0,0,0,1,1,1,0,1,1,1,0,0,1,1,1,0,1,1]
pred=[0.1,0.2,0.3,0.4,0.5,0.6,0.7,0.8,0.9,0.5,0.6,
0.7,0.8,0.9,0.5,0.6,0.7,0.8,0.9,1.0]

precision,recall,thresholds=precision_recall_curve
(y,pred)
plt.plot(recall,precision,lw=1)
area = auc(recall, precision)
print(area)
```

得到的 PR 曲线如图 2-5 所示。横坐标为精确率，纵坐标为召回率，当精确率极低时，召回率极高。

对每种模型画出 PR 曲线，接下来选取曲线下的面积，得到 AP，也就是二分类器的平均精度。然而，由于数量有限，真实

PR 曲线不连续，所以，实际计算时选择其中的点，如 0、0.1、0.2、0.3、…、0.9、1.0，选取其能达到的最大精度。以图 2-5 为例，0 时最大精度为 1；0.2 时最大精度不是纵坐标所对应的点，而是 0.2 之后能取到的最大精度，即 0.7；以此类推，最终算其平均值。

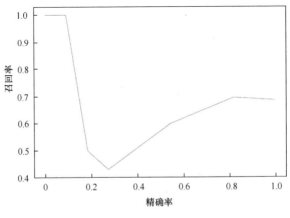

图 2-5　得到的 PR 曲线

车牌识别中使用 PR 曲线的原因是，背景多会导致样本不均衡，使用 PR 曲线可以将正例（1）排在负例（0）前面，计算其概率。因此，即使有更多的背景，即负例（0），PR 曲线也不会因此改变。

接下来用代码演示中文车牌识别模型的实际检测效果，代码大致如下。

```
#第 2 章//2.3 模型检测效果大致代码
#实际数据
groudtruths
```

```
#检测到的车牌
#plates
threshold = 0.5                  #设定阈值，一般目标检测使用
IoU 作为阈值
y=[]
for plate in plates:
    IOU = computeIOU(plate,groudtruths)
    if IOU>threshold:
        y.append(1)
    else:
        y.append(0)
```

当将 IoU 设置为 0.5 时，测试集数量为 1000 幅，AUC（PR 曲线下面积）为 0.95，准确率为 0.99。

在准确率足够高的情况下，可以开始提升速度。对传统模型及深度学习模型分别检测速度。

```
#第 2 章//2.3 检测传统模型速度
#速度
import time

def computeSafeRegion(shape,bounding_rect):
    top = bounding_rect[1] #y
    bottom = bounding_rect[1] + bounding_rect[3]
#y+h
    left = bounding_rect[0] #x
    right = bounding_rect[0] + bounding_rect[2]
#x+w

    min_top = 0
    max_bottom = shape[0]
```

```
    min_left = 0
    max_right = shape[1]

    #print "computeSateRegion input shape",shape
    if top < min_top:
        top = min_top
        # print "tap top 0"
    if left < min_left:
        left = min_left
        #print "tap left 0"

    if bottom > max_bottom:
        bottom = max_bottom
        #print "tap max_bottom max"
    if right > max_right:
        right = max_right
        #print "tap max_right max"

    #print "corr",left,top,right,bottom
    return [left,top,right-left,bottom-top]



def cropped_from_image(image,rect):
    x, y, w, h = computeSafeRegion(image.shape,rect)
    return image[y:y+h,x:x+w]

def detectPlateRough(image_gray,resize_h = 720,en_
scale = 1.08,top_bottom_padding_rate = 0.05):

    if top_bottom_padding_rate>0.2:
        print("error:top_bottom_padding_rate > 0.2:",
top_bottom_padding_rate)
        exit(1)
```

```
        height = image_gray.shape[0]
        padding = int(height*top_bottom_padding_rate)
        scale=image_gray.shape[1]/float(image_gray.
shape[0])

        image = cv2.resize(image_gray, (int(scale* resize_
h), resize_h))

        image_color_cropped = image[padding:resize_hpadding,
0:image_gray.shape[1]]

        image_gray = cv2.cvtColor(image_color_cropped,
cv2.COLOR_RGB2GRAY)

        watches=watch_cascade.detectMultiScale(image_ gray,
en_scale, 2,minSize=(36, 9),maxSize=(36*40, 9*40))
        cropped_images = []
        for (x, y, w, h) in watches:
            cropped_origin = cropped_from_image(image_
color_cropped, (int(x),int(y), int(w), int(h)))
            #plt.imshow(cropped_origin)
            #plt.show()
            x -= w * 0.14
            w += w * 0.28
            y -= h * 0.6
            h += h * 1.1;

            cropped = cropped_from_image(image_color_
cropped, (int(x), int(y),int(w), int(h)))
            cropped_images.append([cropped,[x, y+padding,
w, h],cropped_origin])
        return cropped_images
```

```
start_time=time.time()
plates = detectPlateRough(image,image.shape[0],top_
bottom_padding_rate=0.1)
print(time.time()-start_time)
```

传统模型速度检测用时 40ms，而深度学习模型仅需要 20ms。

```
#第 2 章//2.3 检测深度学习模型速度
plate,rect,origin_plate = plates[0]
start_time=time.time()
res, confidence = recognizeOne(origin_plate)
print(time.time()-start_time)
```

若全部使用深度学习网络，则检测一幅图像最快需要 20ms 左右，这也是目前车牌检测的最快速度。

|第 3 章|

采用三元组的 FaceNet 人脸识别理论与实践

目 标

　　人脸识别是深度学习中最重要的一部分。本章将详细讲解 FaceNet 人脸识别，包括理论与实践。

3.1　FaceNet 人脸识别

3.1.1　人脸识别简介

人脸识别要解决如下两个问题：第一，在一幅图像中是否有人脸、人脸在哪儿、人脸的关键点在哪；第二，人脸属于哪个人。

在一幅图像中，首先要检测出人脸的位置；然后识别出人脸的关键点，根据人脸的关键点可以进行姿势估计、表情识别、微笑识别等一系列人脸检测任务。

要检测人脸到底属于哪个人比较有难度，因为人有很多。传统方法非常"笨拙"，深度学习也面临很大困难，因为要识别的人脸是某个人的脸，相当于把每张人脸分一个类，这种分类十分困难。

3.1.2　传统方法

传统方法的典型代表是 Viola-Jones。该方法通过以下 3 步实现。

（1）使用滑动窗口在图像上滑动。

（2）使用传统特征，如 HOG、DOG、Haar 特征。

（3）使用 Adaboost 级联分类器，每层设置拒绝率，Adaboost 适用于解决稀疏问题，人脸检测正好是稀疏问题。虽然这种方法速度挺快，但是平均精确率不高（约为 50%），因为逐层设置拒绝率，所以，很可能在检测过程中就把正确的目标给"拒绝"了。

3.1.3 深度学习方法（MTCNN 方法）

MTCNN 的思想非常简单，在传统方法中使用的是 Adaboost 级联分类器，这里就直接用 CNN 级联分类器。

如图 3-1 所示，把诸多 CNN 级联起来。首先对测试图像进行金字塔处理，目的是使用不同尺度的图像（因为不知道人脸尺度到底有多大，所以就使用不同尺度的图像），尽可能使效果达到最好。

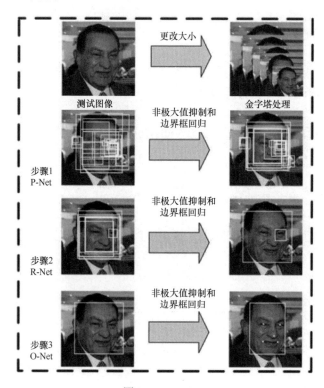

图 3-1　MTCNN

第一个全卷积网络（Proposal CNN，P-Net）通过非极大值抑制和边界框回归（NMS & Bounding Box Regression）找到一些候选区域。通过第二个精炼网络（Refine CNN，R-Net）对 P-Net 产生的结果进行精细化，删除一些候选框。第三个输出网络（Output CNN，O-Net）将 R-Net 产生的结果进一步精细化，输出人脸的 5 个关键点和候选框。深度学习方法的思路和传统方法的思路是一样的，相比于传统方法，深度学习方法有如下 2 个优点。

（1）使用传统特征（如 HOG、DOG、Haar 特征），需要人为筛选，并且准确率不高。使用 CNN 最大的好处就是不需要人为筛选特征，可以自动学习特征。

（2）速度更快，准确率更高。在 GPU 上的运行速度是 17ms/幅，平均精确率是 90%。

3.1.4　FaceNet 原理

前面的方法主要用在人脸检测上，而 FaceNet 主要用在人脸识别（识别人脸属于谁）上。

FaceNet 的网络结构非常简单。和一般深度学习不太一样的地方，是使用特征层归一化，一般分类问题使用 Softmax，人脸识别由于类的数量比较多，使用的是大幅度 Softmax（Large-margin Softmax）。归一化的目的是得到特征向量，输出三元组损失（Triplet Loss）。三元组损失其实就是比较三幅图像的相似性，如图 3-2 所示。

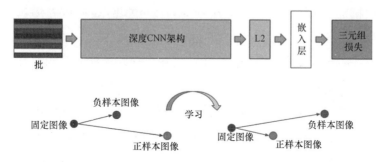

图 3-2　FaceNet 三元组损失比较

类间损失是固定图像与负样本图像之间的损失。要求类内损失要小于类间损失：

$$\| f(x_i^a) - f(x_i^p) \|^2 + \alpha < \| f(x_i^a) - f(x_i^n) \|^2 \qquad (3\text{-}1)$$

$$L_i = [\| f(x_i^a) - f(x_i^p) \|^2 + \alpha - \| f(x_i^a) - f(x_i^n) \|^2] \qquad (3\text{-}2)$$

如式（3-1）所示，要求类内距离小于类间距离。前一项越小，后一项越大，整体越小，于是整个问题可以通过式（3-2）最小化表示。

三元组的缺点也很明显——三元组的数量为 N^3，规模过于庞大。

解决方案是在正样本图像中选择一个最不像正样本的样本（与固定图像 a 的距离最大的正样本，即与 a 属于同一张人脸的样本），在负样本中选择一个最像的样本（与固定图像 a 的距离最小，但不属于同一张人脸的样本，即最容易与图像 a 混淆的图像）。只要这 3 个样本满足三元组损失，其他样本就都满足。因为这个三元组类内距离是最大的、类间距离是最小的，所以，三元组的数量就减少到 N。

另外，使用三元组损失训练人脸模型通常需要使用非常大的数据集才能取得比较好的效果，模型收敛速度也比较慢。

最后看一下 FaceNet 的效果如何。如图 3-3 所示，左右两幅图像为类内对比，数字为类内距离；上下两幅图像为类间对比，数字为类间距离。可以看出，类内距离都是小于类间距离的。最后，损失函数加上分类损失就构成了 FaceNet 的损失函数。

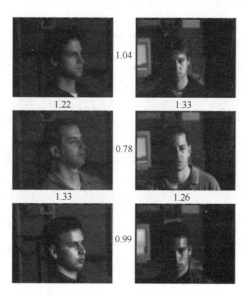

资料来源：Ars GitHub。

图 3-3　FaceNet 的效果

3.2 FaceNet 代码实践

本节用 PyTorch 来实现 FaceNet,虽然与 Schroff 的 FaceNet 原论文有所不同(如三元组的构建),但不影响代码讲解。

3.2.1 FaceNet 模型代码

1. 初始化和归一化

通常,工业中模型初始化使用的是迁移学习,这里使用 resnet18 作为主干网络,代码如下。

```
#第 3 章//3.2.1 FaceNet 初始化代码
def
__init__(self,embedding_size,num_classes,pretrained=Fa
lse):
    super(FaceModel, self).__init__()
    self.model = resnet18(pretrained)
    self.embedding_size = embedding_size
    self.model.fc = nn.Linear(512*3*3,self.embedding_
size)
    self.model.classifier = nn.Linear(self.embedding_
size,num_classes)
```

其中,embedding_size 是将图像特征映射为固定维度的尺寸,最后的 classifier 是将三元组与 Softmax 分类结合起来。

　　归一化方法就是用图像输出特征向量除以模得到的归一化向量，代码如下。

```
#第 3 章//3.2.1 FaceNet 归一化代码
def l2_norm(self,input):
    input_size = input.size()
    buffer = torch.pow(input, 2)
    normp = torch.sum(buffer, 1).add_(1e-10)
    norm = torch.sqrt(normp)
    _output = torch.div(input, norm.view(-1, 1).
expand_as(input))
    output = _output.view(input_size)
    return output
```

　　其中，buffer 求的是向量中每个元素的平方，normp 求的是平方和，norm 求的是平方和开平方，正好就是模的值。torch.div()方法是做除法，用 input 除以 norm，因为要用对应位置的元素除以模，所以，使用 view()和 expand_as()方法实现。

2. 前向传播和分类前向传播

　　接下来介绍 forward()和 forward_classifier()方法。在 forward()方法中，主要实现前向传播生成特征。最后特征乘以缩放因子 α（代码中的 alpha），这个缩放因子至关重要，如果过大，则会导致过拟合；如果过小，则会导致模型不收敛。

　　对于缩放因子的取值有两种处理方法，分别是固定缩放因子和通过网络学习缩放因子。显然第二种方法更加健壮，但是实践过程中通过网络学习到的缩放因子会过大。也就是说，通过网络进行学习可以得到缩放因子的上界。

接下来讲解缩放因子的下界是如何确定的。FaceNet 把人脸的嵌入（Embedding）进行了标准化，使它们分布于单位超球面上。最理想的情况是同一个人的不同（角度）的脸的嵌入几乎在同一个点上，而这些点均匀地分布在球面上。那么，嵌入的维度 D 就是超球面所在空间的维度。从原点来看，这些点又是一个个方向不一样的向量。现在如果分类总数 C 小于两倍的维度 D（$C<2D$），相当于 C 个向量在 D 个轴上分布着，那么，类别间的最小角度就是 90°。假设 $C=2D=4$，4 个类分布在 x 轴正半轴、x 轴负半轴，以及 y 轴正半轴、y 轴负半轴上，这时夹角只有 90°。显然，当 $C<2D$ 时，如 $C=3$，不妨设类分布在 x 轴负半轴及 y 轴正半轴和负半轴上，那么最小角度还是 90°，最大角度是 180°。这样，每个类别就分布在中心为 0、半径为缩放因子 α（$\alpha>1$）的圆内。$C=4$ 示例如图 3-4 所示。

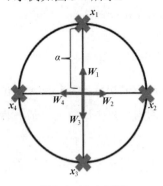

图 3-4 $C=4$ 示例

W_1、W_2、W_3、W_4 都是单位向量。这样使用 Softmax 来计算分类概率，会得到下式（忽略偏置，因为 W 除了在坐标轴方

向上为 α 与 $-\alpha$，在其他方向上均为 0，所以，e^0 为 1，横坐标两方向分别为 e^0、e^{-0}，求和后为 2）。

$$p = \frac{e^{W^T x_i}}{\sum_{i=1}^{4} e^{W^T x_i}} = \frac{e^\alpha}{e^\alpha + 2 + e^{-\alpha}} \qquad (3\text{-}3)$$

忽略 $e^{-\alpha}$，式（3-3）的分母就只剩 2，泛化到 C 个分类后，即为 $C-2$，得到

$$p = \frac{e^\alpha}{e^\alpha + C - 2} \qquad (3\text{-}4)$$

图 3-5 所示为概率与参数 α 关系，对应多个类别的图像。

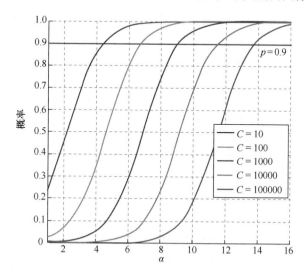

注：彩插页有对应彩色图片。

图 3-5　概率与参数 α 关系

根据式（3-5）可以求解得到 α 的下界。

$$\alpha = \ln \frac{p(C-2)}{1-p} \qquad (3\text{-}5)$$

在实践中，α 取值为 10，代码如下。

```
#第3章//3.2.1 缩放因子下界确定
def forward(self, x):
    x = self.model.conv1(x)
    x = self.model.bn1(x)
    x = self.model.relu(x)
    x = self.model.maxpool(x)
    x = self.model.layer1(x)
    x = self.model.layer2(x)
    x = self.model.layer3(x)
    x = self.model.layer4(x)
    x = x.view(x.size(0), -1)
    x = self.model.fc(x)
    self.features = self.l2_norm(x)
alpha=10
    self.features = self.features*alpha
return self.features
```

分类前向传播代码如下。

```
def forward_classifier(self, x):
    features = self.forward(x)
    res = self.model.classifier(features)
    return res
```

完整代码如下。

```
##第 3 章//3.2.1 完整代码
class FaceModel(nn.Module):
    def__int__(self,embedding_size,num_classes,
pretrained=False):
        super(FaceModel,self).__init__()
        self.model = resnet18(pretrained)
        self.embedding_size = embedding_size
        self.model.fc = nn.Linear(512*3*3,self.
embedding_size)
        self.model.classifier = nn.Linear(self.
embedding_size, num_classes)

    def l2_norm(self,input):
        input_size = input.size()
        buffer = torch.pow(input,2)
        normp = torch.sum(buffer,1).add_(1e-10)
        norm = torch.sqrt(normp)
        _output = torch.div(imput,norm.view(-1,1).
expand_as(input))
        output = _output.view(input_size)
        return output

    def forward(self,x):
        x = self.model.conv1(x)
        x = self.model.bn1(x)
        x = self.model.relu(x)
        x = self.model.maxpool(x)
```

```
    x = self.model.layer1(x)
    x = self.model.layer2(x)
    x = self.model.layer3(x)
    x = self.model.layer4(x)
    x = x.view(x.size(0),-1)
    x = self.model.fc(x)
    self.features = self.l2_norm(x)
    alpha = 10
    self.features = self.features*alpha
    return self.features


def forward_classifier(self,x):
    features = self.forward(x)
    res = self.model.classifier(features)
    return res
```

3.2.2 FaceNet 数据集代码

FaceNet 的数据集是三元组形成的。三元组通过给定一个样本，搜索同类中与之距离最大的样本和不同类中与之距离最小的样本。在构建数据集的过程中，使用的方法是随机选择。

构建数据集需要定义一个类 TripletFaceDataset，其继承自 torchvision.datasets.ImageFolder 类。在初始化方法中指定三元组的数量，通过自定义静态方法生成训练需要的三元组对应的图像路径。该类代码在本书代码库中可以找到，这里不完整讲解该类，重点看其静态方法 generate_triplets。其逻辑非常简单，在方法内部有一个 create_indices 方法，该方法是将每个类别下的图像路径放到对应类下的 dict 下的 list 当中，然后使用 for 循环遍历 num_triplets 次，随机选择一个类作为三元组第一个元素的类别，记作"c1"。接着选择与"c1"不同的类别，记作"c2"，然后通过两个 while 来防止类别只有一个实例和两次类别相同的问题。

如果类别下的实例只有两幅图像，就直接选它们；否则，随机选取同一类别下的两幅图像，这里的 while 用来避免所选择的相同类别下的两幅图像是同一幅。

上一段为选择同一类别下的两幅图像，接着，随机选取不同类别下的一幅图像，这样才能组成三元组。判断"c2"下是否单一实例，如果是，就选取该单一实例；如果不是，则在该类别下所有实例图像中随机选取。

最后一步是组成三元组，并添加到三元组 list 中，然后返回这个 list，完整代码如下。

```
##第 3 章//3.2.2 完整代码
    @staticmethod
    Def generate_triplets(imgs,num_triplets,n_classes):
        def vreate_indices(_imgs):
            inds = dict()
            for idx, (img_path,label) in enumerate
(_imgs):
                if label not in inds:
```

```
                inds[label] = []
              inds[label].append(img_path)
          return inds
      triplets = []
      indices = create_indices(imgs)
      for x in tqdm(range(num_triplets)):
          c1 = np.random.randint(-,n_classes-1)
          c2 = np,random.randint(0, n_classes-1)
          while len(indices[c1]) < 2:
              c1 = np.random.randint(0,n_classes-1)
          while c1 == c2:
              c2 = np.random.randint90,n_classes-1)
          if len(indices[c1]) == 2:
              n1, n2 = 0,1
          else:
              n1 = np.random.randit(0,len(indices
[c1])-1)
              n2 = np.random.randit(0,len(indices
[c1])-1)
          if len(indices[c2]) ==1:
              n3 = 0
          else:
              n3 = np.random.randint(0,len(indices
[c2])-1)

triplets.append(indices[c1][n1],indices[c1][n2],
indices[c2][n3],c1,c2)
      return triplets
```

3.3　FaceNet 训练

本节讲解训练过程。在训练过程中，损失函数使用三元组损失和分类损失之和作为损失函数。

首先，定义三元组损失函数，代码如下。

```
##第3章//3.3定义三元组损失函数
class TripletMarginLoss(Function):
    def __init__(self,margin):
        super(TripletMarginLoss,self).__init__()
        self.margin = margin
        self.pdist = PairwiseDistance(2)

    def forward(self, anchor, positive, negative):
        d_p = self.pdist.forward(anchor, positive)
        d_n = self.pdist.forward(anchor, negative)

        dist_hinge = torch.clamp(self.margin +d_p-
d_n,min=0.0)
        loss = torch.mean(dist_hinge)
        return loss
```

在 forward 方法中，实现同类图像的距离计算和不同类图像的距离计算（类内距离、类间距离）。最后对两者求和，并且加上初始化传参，再使用 torch.clamp 方法截断，目的是防止类间距离小于类内距离。代码中的 anchor 是目标图像，即三元组第一个图像，positive 是与目标图像类别相同的图像，negative 是与目标图像类别不同的图像。PairwiseDistance 类的定义代码如下。

```python
##第3章//3.3 定义 PairwiseDistance 类
class PairwiseDistance(Function):
    def __init__(self,p):
        super(PairwiseDistance,self).__init__()
        self.norm = p
    def forward(self,x1,x2):
        assert x1.size() == x2.size()
        eps = 1e-4/x1.size(1)
        diff = torch.abs(x1-x2)
        out = torch.pow(diff,self.norm).sum(dim=1)
        return torch.pow(out + eps, 1. /self.norm)
```

这个类的 forward 方法用来计算两个向量之间的距离，另外通过传参控制距离类型。

其次，通过 Scale()将所有图像变成同一尺度，这是因为 PyTorch 不能在同一批次中出现不同大小的图像，代码如下。

```python
##第3章//3.3 使用 Scale()调整图像
class Scale(object):
    def
__init__(self,size,interpolation=Image.BILLNEAR):
        assert isinstance(size,int) or (isinstance
(size,collections.Iterable) and len(size) ==2)
        self.size = size
        self.interpolation = interpolation
    def __call__(self.size,int):
```

```
if isinstance(self.size,int):
    w,h = img.size
    if (w <= h and w == self.size) or (h <=w
and h == self.size):
        return img
    if w<h:
        ow = self.size
        oh = int(self.size * h /w)
        return img.resize((ow,oh),self.
interpolation)
    else:
        oh = self.size
        ow = int(self.size * w/h)
        return img.resize((ow,oh),self.
 interpolation)
else:
    return img.resize(self.size,self.interpolation)
```

最后，讲解训练过程。通过一个 for 循环遍历三元组数据，通过模型计算出 3 个图像的特征，分别计算类内距离、类间距离。最后，通过一个机制来筛选类内距离最大、类间距离最小的 3 个图像。设置一个阈值，如果类间距离与类内距离的差值小于这个阈值，则保留该三元组数据，这样做就会得到类间、类内区分困难的样本，目的是加快训练速度。

如果批次中没有满足阈值条件的，则进入下一个循环。然后分类预测，最后计算分类交叉熵损失，即将 hard 三元组每个图像的预测值拼接在一起，与真实 label 计算交叉熵损失。最后损失函数是交叉损失加上三元组损失。这里可以通过灵活的参数调整损失函数的侧重程度，后面的 optimizer 选用哪种都可以。

训练数据集选用 LFW 人脸数据集，其提供的人脸图像均源于生活中的自然场景，因此，识别难度较大，尤其受多姿态、光照、表情、年龄、遮挡等因素影响，即使是同一个人的图像，差别也很大。有些图像中可能不止一张人脸出现，对于这些多人脸图像，仅选择中心坐标处的人脸作为目标，其他区域中的人脸视为背景干扰。LFW 数据集中共有 13233 幅人脸图像，每幅图像均给出了对应的人名，共有 5749 人，并且绝大部分人仅有一幅图像。每幅图像的尺寸为 250×250，绝大部分为彩色图像，仅有少量黑白图像。

训练集使用 10000 个三元组进行训练，测试集使用图像对进行测试，一共 6000 对，判断两者是不是同一张人脸。具体代码如下。

```
##第 3 章//3.3 训练代码
def train_epoch(train_loader, model, optimizer):
    #训练模型
    pbar = tqdm(enumerate(train_loader))
    labels, distances = [], []
    for batch_idx, (data_a, data_p, data_n,label_
p,label_n) in pbar:
        #gpu 模式
        #data_a, data_p, data_n = data_a.cuda(), data_
```

```
p.cuda(),
            data_n.cuda()

        out_a, out_p, out_n = model(data_a), model
(data_p), model(data_n)
        d_p = l2_dist.forward(out_a, out_p)
        d_n = l2_dist.forward(out_a, out_n)
        all = (d_n - d_p < 0.5).numpy().flatten()
        hard_triplets = np.where(all == 1)
        if len(hard_triplets[0]) == 0:
            continue
        out_selected_a = out_a[hard_triplets]
        out_selected_p = out_p[hard_triplets]
        out_selected_n = out_n[hard_triplets]

        selected_data_a = data_a[hard_triplets]
        selected_data_p = data_p[hard_triplets]
        selected_data_n = data_n[hard_triplets]

        selected_label_p = label_p[hard_triplets]
        selected_label_n= label_n[hard_triplets]

        triplet_loss = TripletMarginLoss(0.5).forward
(out_selected_a, out_selected_p, out_selected_n)
        cls_a = model.forward_classifier(selected_
data_a)
        cls_p = model.forward_classifier(selected_
data_p)
        cls_n = model.forward_classifier(selected_
```

```
data_n)
        criterion = nn.CrossEntropyLoss()
        predicted_labels = torch.cat([cls_a,cls_p,
cls_n])
        true_labels =\ torch.cat((selected_label_p,
selected_label_p,selected_label_n))
        cross_entropy_loss = criterion(predicted_
labels, true_labels)
        loss = cross_entropy_loss + triplet_loss
        optimizer.zero_grad()
        loss.backward()
        optimizer.step()
        #log loss value，每10轮输出一次loss
        if batch_idx%10 ==0:
            print(loss)
        dists = l2_dist.forward(out_selected_a,out_
selected_n) #torch.sqrt(torch.sum((out_a - out_n) ** 2, 1))
        distances.append(dists.detach().numpy())
        labels.append(np.zeros(dists.size(0)))

        dists = l2_dist.forward(out_selected_a,out_
selected_p)
#torch.sqrt(torch.sum((out_a - out_p) ** 2, 1))
        distances.append(dists.detach().numpy())
        labels.append(np.ones(dists.size(0)))
    labels = np.array([sublabel for label in labels
for sublabel in label])
    distances = np.array([subdist for dist in
distances for subdist in dist])
```

```
    tpr, fpr, accuracy, val, val_std, far = evaluate
(distances, labels)
    print('\33[91mTrain set: Accuracy: {:.8f}\n\33
[0m'.format (np.mean(accuracy)))
    plot_roc(fpr,tpr,figure_name="roc_train.png")
```

plot_roc 是用来绘制 ROC 曲线的，代码如下（使用的是 import matplotlib. pyplot as plt，代码中 fpr 表示假阳率，tpr 表示真阳率）。

```
##第 3 章//3.3 ROC 曲线绘制代码
def plot_roc(fpr,tpr,figure_name="roc.png"):

    roc_auc = auc(fpr, tpr)
    fig = plt.figure()
    lw = 2
    plt.plot(fpr, tpr, color='darkorange',
            lw=lw, label='ROC curve (area = %0.2f)'
% roc_auc)
    plt.plot([0, 1], [0, 1], color='navy', lw=lw,
linestyle='--')
    plt.xlim([0.0, 1.0])
    plt.ylim([0.0, 1.05])
    plt.xlabel('False Positive Rate')
    plt.ylabel('True Positive Rate')
    plt.title('Receiver operating characteristic')
    plt.legend(loc="lower right")
```

测试代码如下。

```
##第3章//3.3 测试代码
def test(test_loader, model):
    #测试
    model.eval()
    labels, distances = [], []

    pbar = tqdm(enumerate(test_loader))
    for batch_idx, (data_a, data_p, label) in pbar:
        out_a, out_p = model(data_a), model(data_p)
        dists = l2_dist.forward(out_a,out_p)#torch.
Sqrt (torch.sum((out_a - out_p) ** 2, 1))
        distances.append(dists.numpy())
        labels.append(label.numpy())

        if batch_idx % args.log_interval == 0:
            pbar.set_description('Test Epoch: {} [{}/{}
({:.0f}%)]'.format(
                epoch, batch_idx * len(data_a), len
(test_ loader.dataset),
                100. * batch_idx / len(test_loader)))

    labels = np.array([sublabel for label in labels
for sublabel in label])
    distances = np.array([subdist for dist in distances
for subdist in dist])

    tpr, fpr, accuracy, val, val_std, far = evaluate
(distances,labels)
    print('\33[91mTest set: Accuracy: {:.8f}\n\33
```

```
[0m'.format (np.mean(accuracy)))
      plot_roc(fpr,tpr,figure_name="roc_test_epoch_{}.
png".format (epoch))
```

然后开始实例化 model，在 model 实例化过程中，有一个参数需要调整：embedding_size。这个参数是个超参，在学习过程中是不变的，需要手动调整。超参调整方法有随机搜索、网格搜索等，甚至可以用遗传算法，不过这里都没有用到，读者可以自己设计方案进行尝试。

在实例化 model 之后，开始训练，这里只迭代了 10 轮训练，准确率不到 50%，说明训练步数还很少。

通过 PR 曲线来进行评估。阈值如何设置？其实在前面 TripletMarginLoss 代码中，传入参数 margin 就是阈值。一般阈值越低，召回率越低，但是准确率就越高。阈值设置得越高，召回率就越高，准确率越低（与其他分类模型概率阈值不同，这里是类间距离的阈值，因此，阈值越小，召回率越低）。因此，PR 曲线对应不同阈值下的召回率与准确率曲线图。

另外，可以通过 ROC 曲线来进行评估。ROC 曲线本质上与 PR 曲线一样，都是基于混淆矩阵的，ROC 曲线的纵坐标为真阳率，横坐标为假阳率（被分成正样本的负样本占总负样本的比重）。ROC 曲线越靠左上，效果越好，如图 3-6 所示。

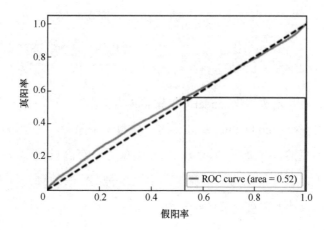

注：彩插页有对应彩色图片。

图 3-6　阈值选择

可以看出模型还有很大的改进空间，这交给读者去实践。

第4章

车道检测的两种深度学习思路

　　自动驾驶中最具挑战性的任务之一是交通场景理解，包括计算机视觉任务下的车道检测和语义分割。如果将语义分割应用到车道检测中，则还需要进一步迁移，因为在实际场景中，车道是一条直线或者一条曲线，这样就会有问题。如果把直线当作目标进行语义分割，那么直线在图像中有不同的定义，长度是不确定的，因此，需要一些创新。

4.1 使用语义分割方法

4.1.1 SegNet 网络结构

如图 4-1 所示，车道是在视野中相交的两条直线。

图 4-1　车道检测

如何分割车道线？使用语义分割可以做到。有很多方法可以实现语义分割，如 FCN、UNet、SegNet。其中，SegNet 是专门用来做车道检测的。

图 4-1 中的车道是由各种线组成的，既有虚线，也有实线。在使用 SegNet 语义分割后，可以找到非常明显的语义，与实际情况能够对应，并且突出显示道路的主要特征。

图 4-2 所示为 SegNet 网络架构。SegNet 使用的是编码器–解码器结构，并且是全卷积网络，与 UNet 不同的是，这里的解码器与编码器对应，编码器在下采样的时候保存下采样（池

化）层的 indices——下采样对应的特征像素位置，目的是使解码器在上采样的时候能够恢复到对应的位置上。例如，采用最大池化（MaxPool，窗口大小为 3×3）进行下采样，每次滑动，都是取 3×3 窗口所对应特征中的最大值，此时就记录这个最大值在原特征中的位置。

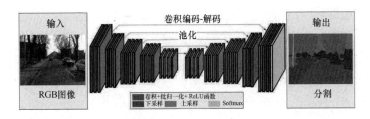

注：彩插页有对应彩色图片。

图 4-2　SegNet 网络架构

整合过程是：输入的 RGB 图像通过编码器不断卷积和下采样，然后通过解码器不断上采样、卷积，输出层对每个像素进行分割，使用不同颜色表示。

4.1.2　SegNet 代码实践

SegNet 网络架构部分关键代码如下。

```
#第 4 章//4.1.2 SegNet 网络架构关键代码——迁移学习部分
def extract_features(md=VGG-16_bn):
    model=md(pretrained=True)
    for param in model.parameters():
        param.requires_grad = False
```

```
        return model

    dcfg=['U', 512, 512, 512, 'U', 256, 256, 256, 'U',
128, 128, 'U', 64, 64,'U']
    class Segnet(nn.Module):
        def __init__(self, md,class_num=2):
            super(Segnet, self).__init__()
            self.features = extract_features(md)
            self.class_num=class_num
            self.conv1=nn.Conv2d(64,64,3,1,padding=1)
            self.conv2 = nn.Conv2d(64, class_num, 3, 1,
padding=1)
            self.decode=nn.Sequential(*self._decode())
        def encode(self, x):
            indieses = []
            output_sizes=[]
            for layer in self.features:
                if layer._get_name() == 'MaxPool2d':
                    output_sizes.append(x.size())
                    x, indies = layer(x)
                    indieses.append(indies)
                else:
                    x = layer(x)
            return x, indieses,output_sizes
        def _decode(self):
            outp=512
            layers=[]
            for e in dcfg:
                if e=='U':
```

```
layers.append(nn.MaxUnpool2d(kernel_size=2,
stride=2))
            else:
                layers.append(nn.Conv2d(outp, e, kernel_
size=3, stride=1, padding=1))
                layers.append(nn.BatchNorm2d(e))
                layers.append(nn.ReLU(inplace=True))
                outp=e
        return layers
    def forward(self,x):
        x,indices,output_sizes=self.encode(x)
        indices = indices[::-1]
        output_sizes = output_sizes[::-1]
        i=0
        for layer in self.decode:
            if layer._get_name()=='MaxUnpool2d':
                x=layer(x,indices[i],output_size=
output_sizes[i])
                i+=1
            else:
                x=layer(x)
        x=F.relu(self.conv1(x))
        x=F.relu(self.conv2(x))
        return F.softmax(x,self.class_num)
```

其中，MaxPool2d 记录了最大值的位置。该代码是使用 VGG-16_bn 迁移学习得到的，因此，encode 部分是不需要训练的。但 decode 部分是需要训练的。MaxUnpool2d 是最大池化的反过程，把之前最大池化对应的位置索引作为输入，按照位置还原回去。dcfg 为 decode 过程的配置。

4.1.3　SegNet 网络车道检测优缺点

SegNet 是基于语义分割的一种方法。与传统车道检测方法相比，SegNet 的优点如下：端到端，无须编写复杂代码以做特征工程。

SegNet 是完全基于 CNN 的方法，因此，在做车道检测时也有不足之处，一方面是准确度低；另一方面是无法处理遮挡情况，无法检测完整的车道线。

SegNet 增加了解码器，形成目前分割任务中最流行的编解码结构，并给出了不同解码器对效果的影响和原因。

此外，由于应用了基于位置信息的加码过程，所以 SegNet 中对应结构的体量要小得多。下面解释一下何为编解码结构。

编码器：在输入图像后，通过神经网络学习到输入图像的特征图，在编码器处执行卷积和最大池化，在进行 2×2 最大池化时，存储相应的最大池化索引（位置）。

解码器：在编码器提供特征图后，逐步实现对每个像素的类别标注，也就是分割，在解码器中执行上采样和卷积。将每个像素送入 Softmax 分类器，在上采样期间，调用相应编码器中的最大池化索引以进行上采样，最后，使用 K 类 Softmax 分类器来预测每个像素的类别。

SegNet 的编码器结构与解码器结构是一一对应的，即一个 encoder 具有与对应的 decoder 相同的空间尺寸和通道数。对于基础 SegNet 结构，两者各有 13 个卷积层，其中编码器的卷积层就对应了 VGG-16 网络结构中的前 13 个卷积层。

通常，分割任务中的编码器结构类似，大多来自用于分类任务的网络结构，如 VGG。这样做有一个好处，就是可以借用在大数据库下训练得到的分类网络的权重参数，通过迁移学习实现更好的效果，因此，解码器在很大程度上决定了一个基于编解码结构的分割网络的效果。

4.2　Spatial-CNN 方法

4.2.1　Spatial-CNN 模型结构

在深度学习和计算机视觉中，得益于强大的学习能力，CNN 将视觉理解推向一个新的高度，但依然不能很好地处理外形线索不多且有强结构先验的目标，而人类可以推断它们的位置，并且很好地填充遮挡部分。

为了解决这个问题，SCNN（Spatial-CNN）将深度卷积网络推广至丰富的空间层次。这里的 Spatial 并不是用来指示空间 CNN 的，而是表明 CNN 通过特征的架构设计传递空间信息。因此，SCNN 能更有效地学习空间关系，能够平滑地找出连续有强先验结构的目标。CNN 与 SCNN 对比如图 4-3 所示。

图 4-3　CNN 与 SCNN 对比

可以看出，左边的真实图像由于遮挡的缘故，CNN 学习过程中获得的语义是中断的车道线，而 SCNN 学习到的是完整的车道线。

SCNN 的特征是从传递空间信息中学到的，得到的是实际空间中的分布结构，而不只是抽象语义信息。图 4-4 所示为 SCNN 的网络结构。

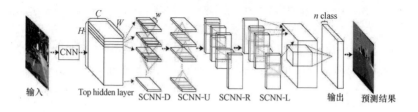

图 4-4　SCNN 的网络结构

SCNN 的创新之处在于，将传统的卷积层接层（Layer-by-

Layer）的连接形式转换为特征图中片连片（Slice-by-Slice）卷积的形式，使图像中像素行和列之间能够传递信息。这特别适用于检测长距离形状连续的目标或大型目标，以及有着极强的空间关系但外观线索较差的目标，如交通线、电线杆和墙。SCNN 在 TuSimple Benchmark lane Detection challenge 中获得了第一名，准确率为 96.53%。同时期的 LaneNet + H-Net 在 TuSimple 上的准确率为 96.4%。

SCNN 的具体实现步骤如下。

（1）输入图像，经过 CNN 得到通道为 C、宽为 W、高为 H 的特征图。

（2）将特征图分为 H 层。

（3）从上到下对每层卷积，将卷积后的结果加到下一层中，再对下一层卷积重复操作（图 4-4 中的 SCNN_D）。

（4）从下到上重复上一步操作（SCNN_U）。

（5）从右（SCNN_R）向左（SCNN_L）重复上面的操作。

（6）输出稳定的空间结构信息。

这样得到的车道线是非常完整的，并且能够学习车道的先验结构（有遮挡也可以自动补充完整）。

图 4-5 所示为实际中 SCNN 的效果，绿色车道补全了汽车

遮挡部分的车道线和前面空白处，效果比较显著。

注：彩插页有对应彩色图片。

图 4-5　实际中 SCNN 的效果

4.2.2　Spatial-CNN 代码实践和效果展现

SCNN 关键代码如下。

```
#第 4 章//4.2.2 SCNN 关键代码
def  message_passing_once(self,x,conv,vertical=True,
reverse=False):
    """
    参数说明
    :param x:输入张量
    :param conv: 卷积操作，代码中已定义好
    :param vertical: 垂直方向或水平方向，对于 SCNN-D，
SCNN-R 是水平方向
    :param reverse: False 表示 up-down or left-right,
True 表示 down-up or right-left
    :return:
    """
```

```
nB, C, H, W = x.shape
if vertical:
    slices = [x[:, :, i:(i + 1), :] for i in
range(H)]
    dim = 2
else:
    slices = [x[:, :, :, i:(i + 1)] for i in
range(W)]
    dim = 3
if reverse:
    slices = slices[::-1]

out = [slices[0]]
for i in range(1, len(slices)):
    out.append(slices[i] + F.relu(conv(out[i -
1])))
    if reverse:
    out = out[::-1]
    return torch.cat(out, dim=dim)
```

图 4-6 所示为 SCNN 和 LaneNet 实践对比。

在图 4-6 中，上方是 LaneNet 的测试效果，下方是相同图像用 SCNN 测试的效果，实际上两者差别并不大。

图 4-7 所示为 SegNet 测试的效果，从图中可以看出，SegNet 明显没有图 4-6 中的 LaneNet 和 SCNN 算法健壮。

图 4-6　SCNN 和 LaneNet 实践对比

图 4-7　SegNet 测试的效果

　　SCNN 可以很容易地融入其他深度神经网络并进行端到端训练。把 SCNN 放在交通场景理解中的两个任务（车道检测和语义分割）上进行评估。结果表明，SCNN 可以有效地保持长薄结构的连续性，而在语义分割中，其扩散效应也被证明对大型物体有利。具体而言，通过将 SCNN 引入 LargeFOV 模型，20 层网络在路径检测方面优于 ReNet、MRF 和非常深的网络 ResNet-101。

4.2.3　Spatial-CNN 训练

车道检测数据集有很多，本书使用的是 CULane 数据集和 Tusimple 数据集。Tusimple 数据集是一种人眼就能识别的简单数据集，这里不做介绍。

CULane 数据集对遮挡和磨损的部分进行了补齐，如在图 4-8 中序号 2、4 对应的图像。为了让算法能够识别出栅栏，只对栅栏一侧进行标注，这样对栅栏外的车道线不做标注，相当于增加上下文知识，告诉网络有栅栏遮挡的车道线是不需要检测的。CULane 数据集只标注了最需要关注的 4 类车道线。此外，CULane 数据集包含不同场景，如夜晚、拥挤等。

图 4-8　CULane 数据集

在"train_gt.txt"文件中，每行数据有多个部分，用空格隔开。第一部分是图像路径，第二部分是标注的 label 路径，第三部分是后面所有的类别。

例如，"/driver_23_30frame/xx/00000.jpg/laneseg_label_w16/
driver_23_30frame/xx/00000.png 1 1 1 1"最后有 4 个数字，表示
样本中存在的车道线类别总数为 4 个（对应 4 类车道线），每个
数字表示一个类别是否存在，取值为 0 或 1。在数据加载文件
CULane.py 中，使用如下代码解析。

```
#第4章//4.2.3 定义函数
def createIndex(self):
    listfile    = os.path.join(self.data_dir_path,
"list", "{}_gt.txt".format(self.image_set))
    self.img_list = []
    self.segLabel_list = []
    self.exist_list = []
    with open(listfile) as f:
        for line in f:
            line = line.strip()
            l = line.split(" ")
            self.img_list.append(os.path.join(self.
data_dir_path, l[0][1:]))   #l[0]第一部分为图像路径
    self.segLabel_list.append(os.path.join(self.data_d
ir_path, l[1][1:])) #l[1]第二部分为标注的 label 路径
    self.exist_list.append([int(x) for x in l[2:]])
    #表示存在的车道线类别
```

可以看出，标注为 label 的数据是以图像形式保存的。其实
际上是一个矩阵，高、宽与图像对应，有道路线的位置坐标为
车道线类型，没有的为 0。

以上数据是转换过的数据，简单解析就能用来训练，原始标注数据并不是这样的，在实践中往往需要自己标注车道线，下面介绍如何标注。

标注过程是，将图像按照图像高度平均分成若干份，通常为 20 份（只是划分区域，并不是真的把图像切成若干份）。这样一幅图像变为 20 个高为原来的 1/20、宽不变的图。对于每个图像中的车道线，用标注工具以矩形进行标注，即标记车道线的左上角坐标和右下角坐标。

读者可能会有疑问：车道线并不是矩形，而是斜线甚至是各种曲线，为什么要用矩形标注呢？只标记左上角和右下角坐标，这样是否合理呢？这是因为相比于完整图像，1/20高的图像是非常窄的"长条"，也就是数据标注的矩形范围内大部分是车道线，类似于微分思想——"割之弥细，所失弥少"，只要把高分得足够小，误差就足够小。

在 " driver_23_30frame\05151640_0419.MP4 " 目录下，".lines"文件就是原始标注后的文件。例如，"00000.lines"就是图像"00000.jpg"标注后的文件，其中保存着标注的坐标："240.573 590 257.848 580 275.127 570 292.409 560 309.699 550 327.126 540 344.433 530 361.753 520 379.085 510…"，都以空格分隔，两两为一对坐标，分别对应横坐标和纵坐标。从上述可以看出纵坐标是 590、580、570 等，以此类推。

数据加载的完整代码如下。

```
#第 4 章//4.2.3 数据加载的完整代码
class CULane(Dataset):
    def __init__(self, path, image_set, transforms=
None):
        super(CULane, self).__init__()
        assert image_set in ('train', 'val', 'test'),
"image_set is not valid!"
        self.data_dir_path = path
        self.image_set = image_set
        self.transforms = transforms

        if image_set != 'test':
            self.createIndex()
        else:
            self.createIndex_test()


    def createIndex(self):
        listfile = os.path.join(self.data_dir_path,
"list", "{}_gt.txt".format(self.image_set))
        self.img_list = []
        self.segLabel_list = []
        self.exist_list = []
        with open(listfile) as f:
            for line in f:
                line = line.strip()
                l = line.split(" ")
                self.img_list.append(os.path.join(self.
data_dir_ path, l[0][1:]))
                self.segLabel_list.append(os.path.join
```

```
(self.data_ dir_path, l[1][1:]))
                self.exist_list.append([int(x) for x
in l[2:]])
                #表示存在的车道线类别
    def createIndex_test(self):
        listfile = os.path.join(self.data_dir_path,
"list", "{}.txt".format(self.image_set))

        self.img_list = []
        with open(listfile) as f:
            for line in f:
                line = line.strip()
                self.img_list.append(os.path.join(self.
data_dir_ path, line[1:]))

    def __getitem__(self, idx):
        img = cv2.imread(self.img_list[idx])
        img = cv2.cvtColor(img, cv2.COLOR_BGR2RGB)
        if self.image_set != 'test':
            segLabel = cv2.imread(self.segLabel_list
[idx])[:, :, 0]
            exist = np.array(self.exist_list[idx])
        else:
            segLabel = None
            exist = None

        sample = {'img': img,
                'segLabel': segLabel,
                'exist': exist,
                'img_name': self.img_list[idx]}
        if self.transforms is not None:
            sample = self.transforms(sample)
        return sample
```

```
    def __len__(self):
        return len(self.img_list)

    @staticmethod
    def collate(batch):
        if isinstance(batch[0]['img'], torch.Tensor):
            img = torch.stack([b['img'] for b in
batch])
        else:
            img = [b['img'] for b in batch]
        if batch[0]['segLabel'] is None:
            segLabel = None
            exist = None
        elif isinstance(batch[0]['segLabel'], torch.
Tensor):
            segLabel = torch.stack([b['segLabel'] for
b in batch])
            exist = torch.stack([b['exist'] for b in
batch])
        else:
            segLabel = [b['segLabel'] for b in batch]
            exist = [b['exist'] for b in batch]
        samples = {'img': img,
                   'segLabel': segLabel,
                   'exist': exist,
                   'img_name': [x['img_name'] for x in
batch]}
        return samples
```

下面以 CULane 数据集加载代码为例进行讲解。其他数据集的使用方法大同小异。

1．损失函数

车道线分割损失函数有两部分：一部分同语义分割的损失函数一样，采用像素级别的交叉熵损失；另一部分采用类似于目标检测中前景、背景分类的思路，不仅要将车道线分割，还要输出图像中包含的车道线类别。唯一要注意的是，前者使用的是多分类交叉熵损失，而后者使用的是二分类损失函数。例如，CULane 输出的类别总数为 4 个，那么对应输出 4 个列，对每个列求二分类交叉熵损失。

损失函数由这两个部分加权求和得到。

2．评价标准

SCNN 使用 F 值作为模型评估标准，用 IoU 来衡量是否检测到车道线。如果预测车道线与真实车道线的 IoU 大于一定阈值，则认为检测到车道线；否则认为没有检测到车道线，一般将阈值设为 0.5。利用 IoU 计算召回率和精度。相关公式如下。

$$precision = \frac{TP}{TP + FP}$$

$$recall = \frac{TP}{TP + FN}$$

$$F_1 - measure = 2 \times \frac{precision \times recall}{precision + recall}$$

SCNN 在 CULane 上的结果如表 4-1 所示。

表 4-1　SCNN 在 CULane 上的结果

分类	F_1 评估标准
正常道路	90.26
拥挤道路	68.23
高亮道路	61.84
阴暗道路	61.16
无线道路	43.44
箭头	84.64
弯道	61.74
十字路口	2728（FP）
夜晚道路	65.32

第 5 章
烟雾检测

目 标

　　烟雾检测又称火灾检测。在高铁或者一些办公场所中，一般会有烟雾报警器。在室内，烟雾报警器是非常好用的，效果非常明显。但是室外空间辽阔，而且不可能在野外装满报警器。烟雾通常是伴随火灾而来的，一般来说，在没有大面积明火的情况下的检测更有利于防范火灾。在现实中，要在视频中检测烟雾，例如，视频中一开始没有烟雾，然后出现烟雾，检测出烟雾并且报警。

5.1 烟雾检测难点

烟雾检测有如下两个难点：一是不同于其他目标检测，烟雾没有固定的形状，如图 5-1 所示；二是烟雾与背景容易混合在一起，不容易检测出背景和前景，如图 5-2 所示。

资料来源：Gautam Kumar 火灾公开数据集。

图 5-1 烟雾检测实例一

在图 5-1 中，在同一场景下，不同时刻的烟雾的形状是截然不同的。

在图 5-2 中，右侧的烟雾和背景已经混在一起，不同于场景中的树木，也不同于其他目标。这两个难点导致不能使用一般的目标检测方法来解决烟雾检测问题。

资料来源：Gautam Kumar 火灾公开数据集。

图 5-2　烟雾检测实例二

下面介绍如何解决这两个难点问题。

5.2　解决方案

本节介绍传统方案和深度学习的方案。

传统方案基于烟雾本身特点解决问题，烟雾与背景的区别是烟雾可以流动，而背景不可以流动，因此，可以使用光流进行检测。在不同帧之间，背景一直是不动的，但烟雾是移动的。当光流大于一定阈值时，判断为烟雾。如果是烟雾变换很慢的场景，就需要调整阈值，利用很小的阈值来增加灵敏度。

但是这种方法有一个问题：在同一场景中不仅烟雾会有光流，人、飞禽走兽和其他运动物体都会产生光流。传统的解决方法就是找到烟雾特征（HOG 等特征）。

如果烟雾和背景混合得比较厉害，就可用分类问题来判断是否有烟雾。如果烟雾没有和背景混合，那么可以进行目标检测，把烟雾当作目标，虽然这个目标的形状和大小不确定，但特征还是很明显的。

基于深度学习的烟雾检测在室外的准确率可以达到 90% 以上。

5.3 使用传统方法的烟雾检测及其效果评估

本节通过使用传统计算机视觉方法（如 HOG+SVM、LBP+SVM）来做烟雾检测并评估其效果。

5.3.1 HOG+SVM 检测

第一步，导入"cv2"，从"sklearn"中导入"svm""preprocessing"，从"skimage"中导入"feature"。

下面先生成训练数据集。

数据集有两种，第一种是视频——小范围烟雾的视频和烟雾范围充满大半个屏幕的视频，负样本是没有烟雾的，但是有和烟雾比较相似的物体（光流），如有帘子，在有风的情况下可以移动；第二种是大量图像（从视频中截取），正样本是有烟雾的图像，负样本是没有烟雾的图像，有些负样本是雾天，极易混淆。

第一步，导入要用到的函数包，代码如下。

```
#第5章//5.3.1 导入HOG+SVM所需的函数包
import cv2
import numpy as np
from sklearn import svm,preprocessing
from skimage import feature as ft
```

第二步，生成数据集，通过"cv2.imread"方法读取图像，作为输入数据。前 400 幅图像是正样本，后 400 幅图像为负样本。因此，前 400 幅图像的 label 为 1，后 400 幅图像的 label 为 0。测试集也是这个规律。如果是视频，则每秒取一帧图像，有烟雾的图像的 label 是 1，没有烟雾的图像的 label 是 0。

```
#第5章//5.3.1 输入数据
training_set = []
for i in range(1,401):
    training_set.append(cv2.imread("test8/%06d.
png"%i))
for i in range(502,902):
```

```
     training_set.append9cv2.imread("test8/%06d.
png"%i))
    training_label = np.array([1 if i<400 else 0 for i
in range(800)])

    test_set =[] for I in range(401,502):
    test_set.append(cv2.imread("test8/%06d.png"%i))
    for i in range(902,1001):
      test_set.append(cv2.imread("test8/%06d.png"%i))
```

第三步，提取 HOG（梯度直方图）特征。将图像分成很多小块，如每个小块的尺寸是 16×16，计算像素梯度和方向，然后把小块分成一定数量的 bin，如分成 16 个 bin，统计每个 bin 的梯度数量，从而得到 HOG 特征。具体实现这里不做过多讲解，代码如下。

```
#第 5 章//5.3.1 提取 HOG 特征
training_set_hog = [ft.hog(cv2.resize(cv2.cvtColor
(i, cv2.COLOR_ BGR2GRAY), \
    (224, 224))) for i in training_set]
    training_set_hog_nparray = np.vstack(training_set_
hog)
    test_set_hog = [ft.hog(cv2.resize(cv2.cvtColor(i,
cv2.COLOR_ BGR2GRAY), \
    (224, 224))) for i in test_set]
    test_set_hog_nparray = np.vstack(test_set_hog)
```

"ft.hog"用于获取 HOG 特征。在获取 HOG 特征前，把图像灰度化，并且 resize 到指定大小（224×224）。"np.vstack"是合并 array 数组，因为每个特征都是一个 array。

接下来使用 SVM 训练即可，代码如下。

```
clf_hog = svm.SVC()
clf_hog.fit(training_set_hog_nparray, training_label)
```

在 SVC 的参数中，"C"表示松弛变量，"class_weight"表示不同类别对应的不同权重。在分类问题中，类别过多的样本会被以更高的概率采样，导致预测结果不平衡，因此需要通过权重来平衡，对于数量多的，减少权重；对于数量少的，增加权重。"decision_function_shape"用于判别函数的形状。"kernel"是核函数，这里默认为"rbf"，代码如下。

```
#第 5 章//5.3.1 SVC 函数解释示例
SVC(C=1.0,cache_size=200,class_weight=None,coef0=0.
0,decision_function_shape="ovr",degree=3,gamme="auto",
kernel="rbf",ma_iter=-1,probability=False,random_state=
None,shrinking=True,tol=0.001,verbose=False)
```

训练完成后可以使用"predict"方法对测试集进行预测，代码如下。

```
#第 5 章//5.3.1 预测
test_predict_label_hog = clf_hog.predict(test_set_
hog_nparray)
test_predict_label_hog_positive = test_predict_
label_hog[:100]
```

```
    test_predict_label_hog_negative = test_predict_
label_hog[100:]
    training_predict_label_hog = clf_hog.predict (training_
set_hog_ nparray)
    training_predict_label_hog_positive = training_
predict_label_hog[:400]
    training_predict_label_hog_negative = training_
predict_label_hog[400:]
```

然后输出训练集混淆矩阵以查看训练集效果，代码如下（代码中的"/"表示除法）。

```
#第5章//5.3.1 训练集效果
print('HOG+SVM Training Set Confusion Matrix\n
Ture    False')
print('Positive: {0}        {1}'.format(
len(training_predict_label_hog_positive[training_
predict_label_hog_positive == 1]), len(training_predict_
label_hog_positive [training_predict_label_hog_positive
== 0])))
print('Negative: {0}        {1}'.format(
len(training_predict_label_hog_negative[training_p
redict_label_hog_negative == 0]),
len(training_predict_label_hog_negative[training_p
redict_label_hog_negative == 1])))
print('检测率: {0}, 虚警率: {1}'.format(
(len(training_predict_label_hog_positive[training_
predict_label_hog_positive == 1]) + 0.0) /        len
(training_predict_label_ hog_positive),(len(training_
predict_label_hog_negative[training_predict_label_hog_
```

```
negative == 1]) + 0.0) /  len(training_predict_label_
hog_negative)))
```

输出结果如图 5-3 所示。

```
HOG+SVM Training Set Confusion Matrix
            Ture      False
Positive:  386        14
Negative:  236        164
检测率: 0.965, 虚警率: 0.41
```

图 5-3　输出结果

可以看出，检测率是 96.5%，还是很高的；同时，虚警率是 41%，也是非常高的，即把不是烟雾的情况当作烟雾处理。之所以会出现这样的问题，有如下两个原因：一是数据集不平衡，二是烟雾和背景融合得比较紧密。因此，大部分背景模糊的图像都会被报警为存在烟雾。

相关代码如下。

```
#第 5 章//5.3.1 训练集效果
print('HOG+SVM Test Set Confusion Matrix\n Ture
False')
  len(test_predict_label_hog_positive[test_predict_l
abel_hog_positive == 1]),   len(test_predict_label_
hog_positive[test_predict_label_hog_positive == 0])))
  print('Positive: {0} {1}'.format(
  print('Negative: {0} {1}'.format(
  len(test_predict_label_hog_negative[test_predict_l
abel_hog_negative == 0]),
  len(test_predict_label_hog_negative[test_predict_l
```

```
abel_hog_negative == 1])))
    print('检测率: {0}, 虚警率: {1}'.format(
    (len(test_predict_label_hog_positive[test_predict_
label_hog_positive == 1]) + 0.0)
    / len(test_predict_label_hog_positive),
    (len(test_predict_label_hog_negative[test_predict_
label_hog_negative == 1]) + 0.0)
    / len(test_predict_label_hog_negative) ))
```

测试集检测率结果如图 5-4 所示。

```
HOG+SVM Test Set Confusion Matrix
               Ture      False
Positive:      660       340
Negative:      505       495
检测率: 0.66, 虚警率: 0.495
```

图 5-4 测试集检测率结果

检测率只有 66%，但是虚警率也很高。可以看出"HOG+SVM"的效果并不是很好。

5.3.2 LBP+SVM 检测

LBP 算法非常简单，首先对图像进行灰度处理，然后将其分成很多小块，将每个小块中心的像素与周围像素比较，如果中心像素比周围像素灰度大，那么取值为1，否则取值为0，代码如下。

```
#第 5 章//5.3.2 LBP 算法一
class LocalBinaryPatterns:
def __init__(self, numPoints, radius):
    self.numPoints = numPoints
```

```
        self.radius = radius
    def describe(self, image, eps=1e-7):
        lbp  =  ft.local_binary_pattern(image,  self.
numPoints,self. radius, method="uniform")
        (hist, _) = np.histogram(lbp.ravel(),bins=np.
arange(0,  self.numPoints  +  3),  range=(0,  self.
numPoints + 2))
        #归一化
        hist = hist.astype("float")
        hist /= (hist.sum() + eps)
    return hist
```

在上述代码中，初始化方法的参数"numPoints"是点的数
量，"radius"是窗口的范围。然后通过 describe()方法实现。
describe()方法中调用了"skimage.feature"的 local_binary_ pattern
方法，目的是"如果中心像素的灰度比周围像素都大，则取 1，
否则取 0"的二值处理。最后对 LBP 特征进行统计，使用的是
"numpy"的 histogram()方法，该方法的第一个参数表示要统计
的对象，第二个参数表示指定统计的区间个数。range 是一个长
度为 2 的元组，表示统计范围的最小值和最大值，默认值为
None，表示统计范围由数据的范围决定，最后再归一化。

其他部分的代码就很简单。实例化"LocalBinaryPatterns"
对象，然后获取 LBP 特征，生成训练集、测试集、训练模型、
评估模型，代码如下。

```
#第 5 章//5.3.2 LBP 算法二
lbp_descriptor = LocalBinaryPatterns(16, 2)
```

```
    training_set_lbp = [lbp_descriptor.describe(cv2.
resize(cv2.cvtColor(i, cv2.COLOR_BGR2GRAY), (256, 256)))
for i in training_set]
    training_set_lbp_nparray = np.vstack(training_set_lbp)
    test_set_lbp = [lbp_descriptor.describe(cv2.resize
(cv2.cvtColor(i, cv2.COLOR_BGR2GRAY), (256, 256))) for
i in test_set]
    test_set_lbp_nparray = np.vstack(test_set_lbp)
```

训练 SVM 模型的代码如下。

```
#第 5 章//5.3.2 训练 SVM 模型
    clf_lbp = svm.SVC()
    clf_lbp.fit(training_set_lbp_nparray,
training_label)
    test_predict_label_lbp = clf_lbp.predict(test_set_
lbp_nparray)
    test_predict_label_lbp_positive = test_predict_label_
lbp[:100]
    test_predict_label_lbp_negative = test_predict_ label_
lbp[100:]
    training_predict_label_lbp = clf_lbp.predict(training_
set_lbp_nparray)
    training_predict_label_lbp_positive = training_predict_
label_lbp[:400]
    training_predict_label_lbp_negative = training_predict_
label_lbp[400:]
```

训练集评估代码如下。

```
#第 5 章//5.3.2 训练集评估
```

```
    print('LBP+SVM Training Set Confusion Matrix\n
Ture    False')
    print('Positive: {0}         {1}'.format(
    len(training_predict_label_lbp_positive[training_p
redict_label_lbp_positive == 1]),len(training_predict_
label_lbp_positive[training_ predict_label_lbp_positive
== 0])))

    print('Negative: {0}         {1}'.format(
    len(training_predict_label_lbp_negative[training_pre
dict_label_lbp_negative  ==  0]),len(training_predict_
label_lbp_negative[training_ predict_label_lbp_negative
== 1])))

    print('检测率: {0}, 虚警率: {1}'.format(
    (len(training_predict_label_lbp_positive[training_
predict_label_lbp_positive  ==  1]) + 0.0) / len
(training_predict_label_lbp_positive),
    (len(training_predict_label_lbp_negative[training_
predict_label_lbp_negative  ==  1]) + 0.0) / len
(training_predict_label_lbp_negative)))
```

训练集评估结果如图 5-5 所示。

```
LBP+SVM Training Set Confusion Matrix
          Ture      False
Positive: 171        229
Negative: 329         71
检测率: 0.4275, 虚警率: 0.1775
```

图 5-5　训练集评估结果

可以看出训练集检测率是非常低的，因为检测率低，本身就对烟雾敏感度不够，所以，虚警率也很低。

再来看看测试集评估，代码如下。

```
#第5章//5.3.2 测试集评估
print('LBP+SVM    Test    Set    Confusion    Matrix\n
Ture      False')
print('Positive: {0}          {1}'.format(
len(test_predict_label_lbp_positive[test_predict_l
abel_lbp_positive  ==  1]),len(test_predict_label_lbp_
positive[test_predict_ label_lbp_positive == 0])))
print('Negative: {0}          {1}'.format(
len(test_predict_label_lbp_negative[test_predict_l
abel_lbp_negative  ==  0]),len(test_predict_label_lbp_
negative[test_predict_ label_lbp_negative == 1])))
print('检测率: {0}, 虚警率: {1}'.format(
    (len(test_predict_label_lbp_positive[test_
predict_label_lbp_positive == 1]) + 0.0) / len(test_
predict_label_ lbp_positive),
    (len(test_predict_label_lbp_negative[test_predict_
label_lbp_ negative == 1]) + 0.0) / len(test_predict_
label_lbp_negative)))
```

测试集评估结果如图 5-6 所示。

```
LBP+SVM Test Set Confusion Matrix
            Ture      False
Positive:   53        47
Negative:   78        22
检测率: 0.53, 虚警率: 0.22
```

图 5-6　测试集评估结果

测试集的检测率虽然比训练集略微高一点，但依旧是非常差的，仅为 53%，虚警率为 22%。可以看出，在训练集中，虚警率/检测率≈0.415（取小数点后 3 位）。测试集中虚警率/检测率≈0.415（取小数点后 3 位），因此，虚警率是和检测灵敏度相关的。

HOG 在一定程度上能够捕捉烟雾的形状，LBP 则不行，因为 LBP 只关注比周围强的像素，如果大片烟雾的灰度差不多，则很难学习到特征。对于图像上部的大片烟雾，LBP 检测到的点非常稀疏；相对来说，对于图像底部不成片的烟雾，LBP 可以检测到非常多的点，如图 5-7 所示。

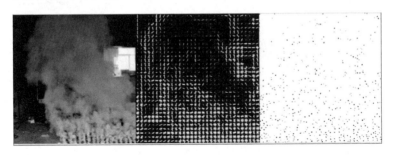

图 5-7　HOG 与 LBP 对比

5.4　利用 VGG-16 进行烟雾检测

本节介绍使用 VGG-16+SVM 方法、VGG-16+神经网络的深度学习方法演示效果。本节演示案例使用 keras 框架。

5.4.1 VGG-16+SVM 检测

首先，读入 VGG-16 预训练模型，预训练模型是在 ImageNet 上训练好的。注意，"include_top"表示是否加上 top 层（全连接层），如果加上，则要保持输入数据的 shape 固定大小；如果不加，则用户可以自定义数据的 shape。

其次，导入各种依赖包，预训练模型是 keras.applications. VGG-16 下的 VGG-16，keras.preprocessing.image 是用来读取图像的。keras.preprocessing.VGG-16. preprocess_ input 是用来预处理输入图像的。

最后，使用 VGG-16 提取特征，生成训练集和测试集。实例化 VGG-16，用 VGG-16 提取特征：将图像转换成预处理张量，然后输入张量，输出 feature map，最后的输出特征为 feature map 展平后的张量。因为这里的张量都是 ndarray 类型，所以，输出的特征 list 需要通过 np.vstack()方法合并起来，这样就得到训练集样本。对于测试集，使用同样的方法，代码完全一样，只是资料来源不同，这里不再赘述。

完整代码如下。

```
#第 5 章//5.4.1 测试集评估
import numpy as np
from sklearn import svm
```

```
from keras.applications.VGG-16 import VGG-16
from keras.preprocessing import image
from keras.applications.VGG-16 import preprocess_
input

model_VGG-16 = VGG-16(weights='imagenet', include_
top=False)
training_set_VGG-16_features = []

for i in list(range(1, 401)) + list(range(501,
901)):
    img_path = 'test8/%06d.png' % i
    #print(img_path)
    img = image.load_img(img_path, target_size=(224,
224))#读取图像
    #plt.imshow(img)
    #plt.show()#显示图像
    x = image.img_to_array(img)#将图像转换为 ndarray
类型
    x = np.expand_dims(x, axis=0)#增加 batch 维度

    x = preprocess_input(x)#将数组转换为 VGG-16 输入格式
    training_set_VGG-16_features.append(model_VGG-
16.predict(x).
reshape((7*7*512, )))#计算该幅图像的特征
    training_set_VGG-16_features_ndarray = np.vstack
(training_set_VGG-16_features)#转换为 ndarray 类型
```

5.4.2　训练 SVM 和预测评估

SVM 模型训练和评估代码这里不再赘述，同上一节内容。此处直接看测试集的预测结果，如图 5-8 所示。

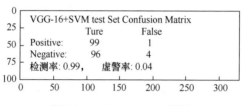

图 5-8　VGG-16+SVM 示例

5.4.3　全连接神经网络

首先定义一个神经网络，这里使用 keras 的 Sequential 来定义模型，共 5 层，包含 3 层全连接和 2 层 Dropout。另外，加入 Dropout 以防止过拟合。

代码共有五个部分：第一部分是模型定义，第二部分是模型编译（keras 模型需要编译指定加速器和损失函数等其他 tricks），第三部分是模型训练，第四部分是数据预测，第五部分是模型评估及保存。代码如下。

```
#第 5 章//5.4.3 构建全连接神经网络
from keras.models import Sequential
from keras.layers import Activation, Dropout, Dense
model_smoke_detector = Sequential()
```

```
    model_smoke_detector.add(Dense(1024,
activation='sigmoid',
input_shape=(7*7*512, )))#加入全连接层
    model_smoke_detector.add(Dropout(0.5))#加入 Dropout
以防止过拟合
    #加入全连接层
    model_smoke_detector.add(Dense(128,
activation='sigmoid'))

    model_smoke_detector.add(Dropout(0.5))#加入 Dropout
以防止过拟合
    #加入全连接层
    model_smoke_detector.add(Dense(1,
activation='sigmoid'))
    model_smoke_detector.compile(optimizer='adam',
                        loss='binary_crossentropy',
                        metrics=['accuracy'])#定义神
经网络损失函数等

    model_smoke_detector.fit(training_set_VGG-
16_features_ndarray, training_set_label, nb_epoch=10,
batch_size=16)
    test_set_VGG-16_with_fc_prediction = model_smoke_
detector.predict (test_set_VGG-16_features_ndarray)#对
测试集进行预测
    model_smoke_detector.save('model_smoke_detector_VG
G-16.h5')
```

最后直接输出测试集上的结果，如图 5-9 所示。

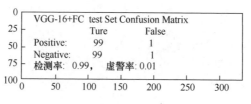

图 5-9　VGG-16+全连接示例

可以看出检测率与 VGG-16+SVM 相同，但是虚警率低很多，仅为 0.01。

反侵权盗版声明

电子工业出版社依法对本作品享有专有出版权。任何未经权利人书面许可，复制、销售或通过信息网络传播本作品的行为；歪曲、篡改、剽窃本作品的行为，均违反《中华人民共和国著作权法》，其行为人应承担相应的民事责任和行政责任，构成犯罪的，将被依法追究刑事责任。

为了维护市场秩序，保护权利人的合法权益，我社将依法查处和打击侵权盗版的单位和个人。欢迎社会各界人士积极举报侵权盗版行为，本社将奖励举报有功人员，并保证举报人的信息不被泄露。

举报电话：（010）88254396；（010）88258888

传　　真：（010）88254397

E-mail：　dbqq@phei.com.cn

通信地址：北京市万寿路 173 信箱

　　　　　电子工业出版社总编办公室

邮　　编：100036

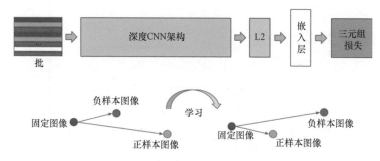

图 3-2　FaceNet 三元组损失比较

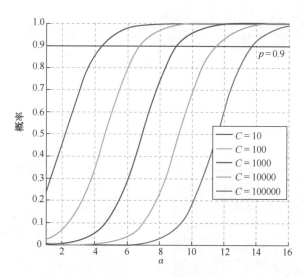

图 3-5　概率与参数 α 关系

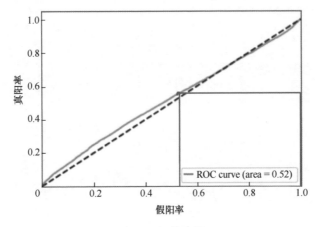

图 3-6　阈值选择

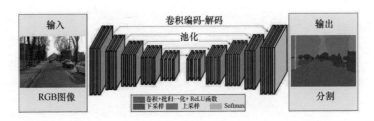

图 4-2　SegNet 网络架构

图 4-5　实际中 SCNN 的效果